NORMALISATION INTERNATIONALE D
INTERNATIONAL STANDARDISA
AND VEGETABLE

Chicorées witloof
Witloof chicories

ORGANISATION DE COOPÉRATION ET DE DÉVELOPPEMENT ÉCONOMIQUES
ORGANISATION FOR ECONOMIC CO-OPERATION AND DEVELOPMENT

ORGANISATION FOR ECONOMIC CO-OPERATION AND DEVELOPMENT

ORGANISATION DE COOPÉRATION ET DE DÉVELOPPEMENT ÉCONOMIQUES

Pursuant to Article 1 of the Convention signed in Paris on 14th December 1960, and which came into force on 30th September 1961, the Organisation for Economic Co-operation and Development (OECD) shall promote policies designed:

— to achieve the highest sustainable economic growth and employment and a rising standard of living in Member countries, while maintaining financial stability, and thus to contribute to the development of the world economy;
— to contribute to sound economic expansion in Member as well as non-member countries in the process of economic development; and
— to contribute to the expansion of world trade on a multilateral, non-discriminatory basis in accordance with international obligations.

The original Member countries of the OECD are Austria, Belgium, Canada, Denmark, France, Germany, Greece, Iceland, Ireland, Italy, Luxembourg, the Netherlands, Norway, Portugal, Spain, Sweden, Switzerland, Turkey, the United Kingdom and the United States. The following countries became Members subsequently through accession at the dates indicated hereafter: Japan (28th April 1964), Finland (28th January 1969), Australia (7th June 1971), New Zealand (29th May 1973) and Mexico (18th 1994). The Commission of the European Communities takes part in the work of the OECD (Article 13 of the OECD Convention).

En vertu de l'article 1er de la Convention signée le 14 décembre 1960, à Paris, et entrée en vigueur le 30 septembre 1961, l'Organisation de Coopération et de Développement Économiques (OCDE) a pour objectif de promouvoir des politiques visant :

— à réaliser la plus forte expansion de l'économie et de l'emploi et une progression du niveau de vie dans les pays Membres, tout en maintenant la stabilité financière, et à contribuer ainsi au développement de l'économie mondiale ;
— à contribuer à une saine expansion économique dans les pays Membres, ainsi que les pays non membres, en voie de développement économique ;
— à contribuer à l'expansion du commerce mondial sur une base multilatérale et non discriminatoire conformément aux obligations internationales.

Les pays Membres originaires de l'OCDE sont : l'Allemagne, l'Autriche, la Belgique, le Canada, le Danemark, l'Espagne, les États-Unis, la France, la Grèce, l'Irlande, l'Islande, l'Italie, le Luxembourg, la Norvège, les Pays-Bas, le Portugal, le Royaume-Uni, la Suède, la Suisse et la Turquie. Les pays suivants sont ultérieurement devenus Membres par adhésion aux dates indiquées ci-après : le Japon (28 avril 1964), la Finlande (28 janvier 1969), l'Australie (7 juin 1971), la Nouvelle-Zélande (29 mai 1973) et le Mexique (18 mai 1994). La Commission des Communautés européennes participe aux travaux de l'OCDE (article 13 de la Convention de l'OCDE).

© OECD OCDE 1994

Applications for permission to reproduce or translate all or part of this publication should be made to:

Les demandes de reproduction ou de traduction totales ou partielles de cette publication doivent être adressées à :

Head of Publications Service, OECD

M. le Chef du Service des Publications, OCDE

2, rue André-Pascal, 75775 PARIS CEDEX 16, France

AVANT-PROPOS

Dans le cadre des activités du Régime pour l'Application de Normes Internationales aux Fruits et Légumes, créé en 1962 par l'OCDE, des brochures sont publiées sous forme de commentaires et d'illustrations, en vue de faciliter l'interprétation commune des normes en vigueur, tant de la part des services de contrôle que des milieux professionnels responsables de l'application des normes ou intéressés aux échanges internationaux de ces produits.

Cette brochure constitue les «commentaires» du Secrétaire Général de l'OCDE qui les déclare en harmonie avec la norme «Chicorées Witloof».[1]

FOREWORD

Within the framework of the activities of the Scheme for the Application of International Standards for Fruit and Vegetables set up by OECD in 1962, explanatory brochures comprising comments and illustrations are published to facilitate the common interpretation of standards in force by both the Controlling Authorities and professional bodies responsible for the application of standards or interested in the international trade in these products.

This brochure is to be considered as the «comments» by the Secretary-General of the OECD who declares them in line with the standard for «Witloof Chicory»[1]

1. Norme également recommandée par la Commission Economique pour l'Europe de l'ONU sous la référence FFV–38 / Standard also recommended by the Economic Commission for Europe of the UNO under the reference FFV–38.

TABLEAU COMPARATIF RÉSUMÉ DES DISPOSITIONS DE LA NORME

DISPOSITIONS	CATÉGORIES		
	«Extra»	I	II
Qualité commerciale	Qualité supérieure	Bonne qualité	Qualité marchande
I. Définition du produit *(toutes catégories)*	Produits obtenus par le forçage des racines des variétés (cultivars) de *Cichorium intybus L. var foliosum Hegi*.		
II. Caractéristiques minimales *(toutes catégories)*	– entiers – sains – d'aspect frais – propres – exempts de : . taches de rougissement, de brûlures ou de traces de meurtrissures . ébauche de hampe florale supérieure aux 3/4 de leur longueur . humidité extérieure anormale . toute odeur et / ou de saveur étrangères – pratiquement exempts de : . parasites . dommages causés par des parasites – clairs, de coloration blanche à blanc jaunâtre – coupés francs ou cassés de façon franche et nette ; – développement et état appropriés permettant de supporter le transport et la manutention		
III. Caractéristiques qualitatives			
– Forme	régulière	moins régulière	légèrement irrégulière (forme irrégulière admise seulement dans le cas d'une pré sentation spéciale)
– Partie terminale	aiguë et bien fermée	moins bien serrée ; le diamètre de l'ouverture ne peut dépasser 1/5e du diamètre maximal	légèrement ouverte ; le diamètre de l'ouverture ne peut être supérieur au 1/3 du diamètre maximal
– Fermeté	ferme	suffisamment ferme	
– Coloration	blanche à blanc jaunâtre	blanche à blanc jaunâtre	léger verdissement de l'extrémité des feuilles admis

COMPARATIVE SUMMARY TABLE OF REQUIREMENTS LAID DOWN BY THE STANDARD

REQUIREMENTS	CLASSES		
	«Extra»	I	II
Market quality	Superior quality	Good quality	Marketable quality
I. Définition of produce *(all classes)*	Sprouts obtained from the roots of *Cichorium intybus L. var. foliosum Hegi .*		
II . Minimum requirements *(all classes)*	– intact – sound – fresh in appearance – clean – free from: . reddish discolouration, frost-bite or traces of bruising . incipient floral spike more than 3/4 of its length – free of: . abnormal external moisture . any foreign smell and/or taste. – practically free from: . pests . damage caused by pests – pale, i.e. white to yellowish white in colour – cut or broken off cleanly – appropriate development and condition to withstand transport and handling		
III . Quality requirements			
– Shape	well-formed	less well- formed	slightly irregular (irregular form only allowed in special presentations
– Tip	sharp and well-closed	less well- closed; the diameter of the opening may not exceed 1/5 of the maximum diameter of the chicory	slightly open, the diameter of the opening may not exceed 1/3 of the maximum diameter
– Firmness	firm	reasonably firm	
– Colouring	white to yellowish-white	white to yellowish-white	slight greenish shade allowed at the tip of the leaves

TABLEAU COMPARATIF RÉSUMÉ DES DISPOSITIONS DE LA NORME

DISPOSITIONS	CATÉGORIES		
	«Extra»	I	II
Qualité commerciale	Qualité supérieure	Bonne qualité	Qualité marchande
III (suite)			
– Feuilles extérieures	min. 3/4 de la longueur du chicon	min. 1/2 de la longueur du chicon	
IV. Calibrage			
– Diamètre minimal (cm):			
• chicon d'une longueur inférieure à 14cm	2,5	2,5	2,5
• chicon d' une longueur égale ou supérieure à 14cm	3	3	2,5
– Diamètre maximal (cm)	6	8	–
– Longueur minimale (cm)	9	9	9[1]
– Longueur maximale (cm)	17	20	24
– Différence maximale de longueur (cm)	5	8	10
– Différence maximale de diamètre	2,5	4	5
IV . Tolérances *(en nombre ou en poids)*			
– Qualité	5%	10%	10%
– Calibre	10%	10%	10%

1 . Toutefois, les chicons d'une longueur comprise entre 6 et 12 cm peuvent être présentés en catégorie II sous réseve de la mention, sur le colis, des longueurs minimale et maximale des chicons contenus.

COMPARATIVE SUMMARY TABLE OF REQUIREMENTS LAID DOWN BY THE STANDARD

REQUIREMENTS	CLASSE		
	«Extra»	I	II
Market quality	Superior quality	Good quality	Marketable quality
III. (cont'd) – Outer leaves	at least 3/4 of the length of the chicory	at least 1/2 of the length of the chicory	
IV. Sizing			
– Minimum diameter (cm)			
• chicory under 14 cm in length	2,5	2,5	2,5
• chicory 14 cm or over in length	3	3	2,5
– Maximum diameter (cm)	6	8	–
– Minimum length (cm)	9	9	9 [1]
– Maximum length (cm)	17	20	24
– Maximum difference in length (cm)	5	8	10
– Maximum difference in diameter (cm)	2,5	4	5
V. Tolerances *(number or weight)*			
– Quality	5%	10%	10%
– Size	10%	10%	10%

1 . However, chicory between 6 and 12 cm in length may be presented in Class II subject to mention being made on the package of the maximun and minimum length of the piece of chicory contained therein.

TABLEAU COMPARATIF RÉSUMÉ DES DISPOSITIONS DE LA NORME

DISPOSITIONS	CATÉGORIES		
	«Extra»	I	II
Qualité commerciale	Qualité supérieure	Bonne qualité	Qualité marchande
VI. Conditionnement et présentation *(toutes catégories)*			
– Homogénéité	– origine – variété – qualité – calibre – la partie apparente du contenu du colis doit être représentative de l'ensemble.		
– Conditionnement	– assure une protection appropriée du produit – matériaux à l'intérieur neufs, propres et d'une qualité telle qu'elle permette d'éviter toute détérioration intérieure ou extérieure – l'impression ou l'étiquetage ne doit pas comporter de substances toxiques – exempt de toutes matières étrangères.		
– Présentation	– rangés régulièrement dans l'emballage – en petits emballages		
VII. Marquage *(toutes catégories)*	– identification de l'emballeur et / ou l'expéditeur – mentionner le mot «Witloof» ou «Chicorées Witloof» ou « Endives Witloof » quand le produit n'est pas visible de l'extérieur – le cas échéant la mention «forme irrégulière» en catégorie II – pays d'origine (indication de la région facultative) – catégorie de qualité – longueurs maximale et minimale pour les chicons classés en catégorie II d'une longueur comprise entre 6 et 12 cm seulement – marque officielle de contrôle (facultative).		

COMPARATIVE SUMMARY TABLE OF REQUIREMENTS LAID DOWN BY THE STANDARD

REQUIREMENTS	CLASSES		
	«Extra»	I	II
Market quality	Superior quality	Good quality	Marketable quality
VI. Packaging and presentation *(all classes)*			
– Uniformity	– origin – variety – quality – size – the visible part of the contents of each package must be representative of the entire contents.		
– Packaging	– providing proper protection – materials inside new, clean and of a quality to avoid causing external or internal damage – carrying non-toxic printing or labelling – free of all foreing matter.		
– Presentation	– arranged evenly in the packages – small packages		
VIII . Marking *(all classes)*	– idendification of the packer and/or dispatcher – the word «Witloof» or «Witloof chicory» or Witloof endives» when the contents are not visible from the outside – if necessary, the words «irregular shape» in Class II – country of origin (region optional) – quality class – mention of maximum and minimum lengths for chicory in Class II measuring between 6 and 12 cm only – official control mark (optional).		

I
DÉFINITION DU PRODUIT

La présente norme vise les chicons, c'est-à-dire les produits obtenus par le forçage des racines des variétés (cultivars) de *Cichorium intybus L.var. foliosum Hegi*, destinés à être livrés à l'état frais au consommateur, à l'exclusion des produits destinés à la transformation industrielle.

I
DEFINITION OF PRODUCE

This standard applies to the forced chicory sprouts obtained from the roots of varieties (cultivars) grown from *Cichorium intybus L. var. foliosum Hegi*, to be supplied fresh to the consumer, produce for industrial processing being excluded.

DÉFINITION DU PRODUIT

La présente norme vise les chicons, c'est-à-dire les produits obtenus par le forçage des racines des variétés (cultivars) de la chicorée witloof issue de *Cichorium intybus L. var. foliosum Hegi*, destinés à être livrés à l'état frais au consommateur, à l'exclusion des produits destinés à la transformation industrielle et des endives rouges.

En mettant les racines dans des tranchées (culture traditionnelle) ou dans une solution nutritive (culture hydroponique), celles-ci sont réactivées et forment de nouvelles feuilles. Etant à l'abri de la lumière, les feuilles restent de couleur blanche à blanc jaunâtre et forment les chicons.

DEFINITION OF PRODUCE

This standard applies to the forced chicory sprouts obtained from the roots of varieties (cultivars) of Witloof Chicory grown from *Cichorium intybus L. var. foliosum Hegi*, to be supplied fresh to the consumer, produce for industrial processing and red endives being excluded.

By placing the plant's roots in trenches dug in the soil (traditional forcing) or in a container with a hydroponic solution (hydroponic forcing), they are reactivated and are producing new leaves. Protecting them from the light, these leaves remain white to yellowish white and form the new crop.

Culture traditionnelle

Traditional forcing

Culture hydroponique

Hydroponic forcing

II
DISPOSITIONS CONCERNANT LA QUALITÉ

La norme a pour objet de définir les qualités que doivent présenter les chicorées Witloof au stade du contrôle à l'exportation, après conditionnement et emballage.

A. *Caractéristiques minimales*

Dans toutes les catégories, compte tenu des dispositions particulières prévues pour chaque catégorie et des tolérances admises, les chicons doivent être :

- entiers ;
- sains ; sont exclus les produits atteints de pourriture ou d'altérations telles qu'elles les rendraient impropres à la consommation;
- propres, en particulier débarrassés de toute feuille souillée, et pratiquement exempts de matière étrangère visible ;
- d'aspect frais ;
- exempts de taches de rougissement, de brûlures ou de traces de meurtrissures ;
- pratiquement exempts de parasites ;
- pratiquement exempts de dommages causés par des parasites ;
- exempts d'ébauche de hampe florale supérieure aux trois quarts de leur longueur ;
- clairs, c'est-à-dire présenter une coloration blanche à blanc jaunâtre ;
- coupés francs ou cassés de façon franche et nette au niveau du collet ;
- exempts d'humidité extérieure anormale ;
- exempts d'odeur et/ou de saveur étrangères.

Le développement et l'état des chicons doivent être tels qu'ils leur permettent :

- de supporter un transport et une manutention, et
- d'arriver dans des conditions satisfaisantes au lieu de destination.

II
PROVISIONS CONCERNING QUALITY

The purpose of the standard is to define the quality requirements of Witloof Chicory at the export control stage, after preparation and packaging.

A. *Minimum requirements*

In all classes, subject to the special provisions for each class and the tolerances allowed, the chicory must be:

- intact;
- sound: produce affected by rotting or deterioration such as to make it unfit for consumption is excluded;
- clean, in particular, free of all soiled leaves, and practically free of any visible foreign matter;
- fresh in appearance;
- free of reddish discolouration, frost-bite or traces of bruising;
- practically free from pests;
- practically free from damage caused by pests;
- free of incipient floral spike more than 3/4 of their length;
- pale, i.e. white to yellowish white in colour;
- cut or broken off cleanly at the level of the neck
- free of abnormal external moisture;
- free of any foreign smell and/or taste.

The development and condition of the chicory must be such as to enable it:

- to withstand transport and handling, and
- to arrive in satisfactory condition at the place of destination.

CARACTERISTIQUES MINIMALES

Les chicons doivent présenter, dans toutes les catégories, les caractéristiques minimales suivantes :

Les chicons doivent être :

i) **Entiers :** c'est-à-dire exempts de toute ablation ou atteinte qui en altérerait l'intégrité. Toutefois les feuilles extérieures peuvent être enlevées de sorte que le bon aspect du produit ne soit pas affecté.

MINIMUM REQUIREMENTS

In all classes, chicory must meet the following minimum requirements:

Chicory must be:

i) **Intact:** i.e. not having any mutilation or injury spoiling the integrity of the product. However, outer leaves may be removed, but in such a way that the good appearance of the produce is not affected.

Feuilles coupées — Cut leaves

Exclu – Not allowed

Chicons éclatés — Growth split

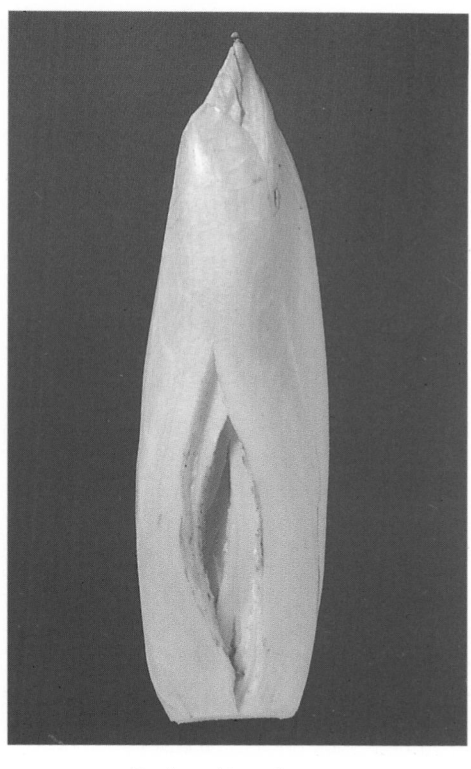

Exclu – Not allowed

ii) **Sains :** les chicons doivent être exempts de toute maladie ou détérioration sérieuse qui puissent affecter notablement leur aspect ou leur comestibilité. En particulier sont exclus les produits atteints de pourriture, même si ces signes sont très peu importants mais annoncent une évolution de nature à rendre le produit impropre à la consommation lors de son arrivée au lieu de destination.

Sont exclus par conséquent les chicons qui présentent par exemple les défauts suivants :

– *Pourriture bactérienne*

ii) **Sound:** the chicory must be free of any disease or serious damage that might notably affect its appearance or edibility. In particular, this excludes produce affected by rotting, even if the signs are very slight but liable to make the produce unfit for consumption upon arrival at its destination.

Chicory showing for example the following defects are therefore excluded:

– *Bacterial rotting*

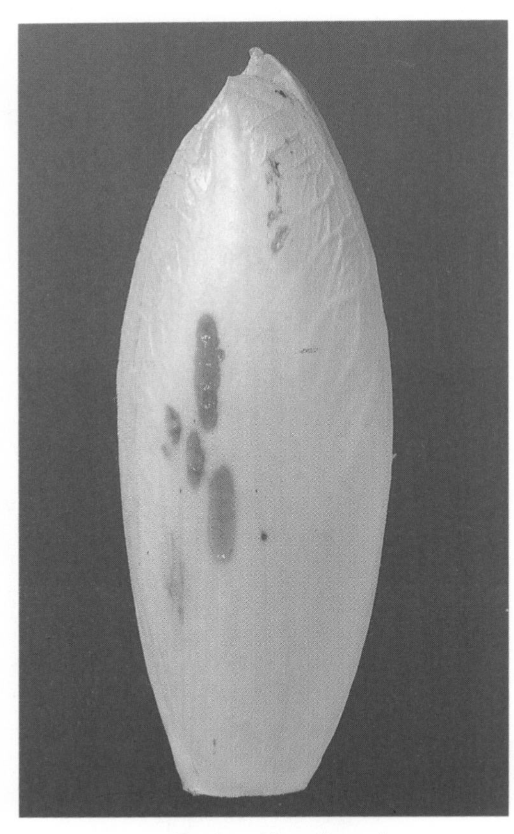

Exclu – Not allowed

– *Noircissement*

– *Black discolouration*

Exclu – Not allowed

– Brunissement marginal des feuilles

– Brownish leaf margins

Exclu – Not allowed

iii) **Propres :** c'est-à-dire que les chicons doivent être débarrassés de toute feuille souillée et pratiquement exempts de toute autre matière étrangère visible. Pourtant des légères traces de terre sont admises.

iii) **Clean:** i.e. the chicory must be free of any soiled leaves and practically free of any visible foreign matter. However slight traces of soil are allowed.

Feuilles souillées

Soiled leaves

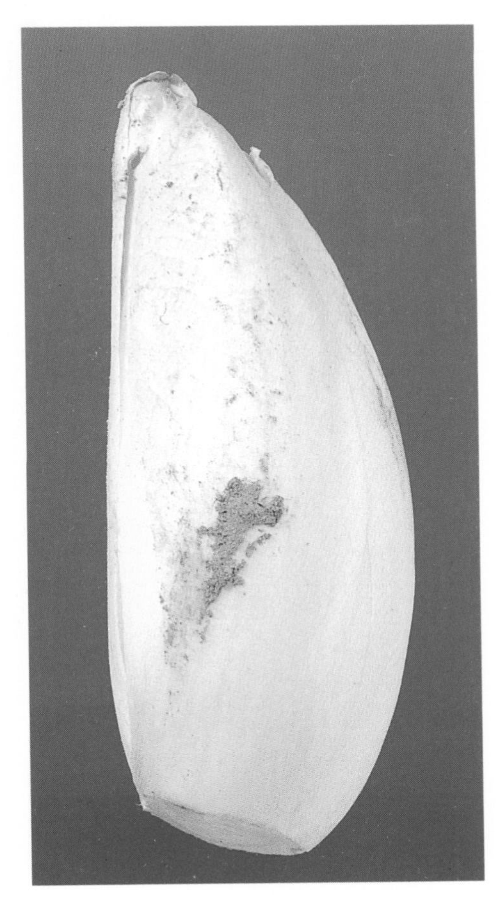

Exclu – Not allowed

iv) **D'aspect frais :** les chicons ne doivent pas présenter des signes de flétrissement ou de déshydratation.

iv) **Fresh in appearance:** the chicory must not show signs of withering or dehydration.

v) **Exempts de taches de rougissement, de brûlures ou de traces de meurtrissures**

– *Taches de rougissement*

Le rougissement est dû à l'oxydation de la sève qui s'échappe de cellules lésées. Deux types de rougissement peuvent être distingués:

- le rougissement physiologique dû à un éclatement des cellules à cause d'un excès d'eau absorbé pendant le forçage. Les taches se trouvent aussi bien sur les feuilles extérieures que sur les feuilles à l'intérieur des chicons.

v) **Free of reddish discolouration, frostbite or traces of bruising**

– *Reddish discolouration*

The reddish discolouration is due to oxidation of the cell saps which come free when cells are injured. Two types of reddish discolouration can be distinguished:

- physiological reddish discolouration due to burst of cells as a result of an excessive water-absorbtion.The discolouration occcurs on the outer leaves as well as on the inner leaves.

Rougissement physiologique

Physiological reddish discolouration

Exclu – Not allowed

- le rougissement dû à une action mécanique de cellules. Ces taches se trouvent uniquement sur les feuilles extérieures des chicons.

- reddish discolouration due to mechanical injury of the cells. This damage only occurs on the outer leaves.

Rougissement dû à une action mécanique

Reddish discolouration due to mechanical damage

Exclu – Not allowed

– Brûlures

Ces dommages se produisent après l'exposition des chicons à une température aux environs de 1° C. Elles se manifestent par des taches creuses et nettement limitées, qui se trouvent sur le côté extérieur des feuilles. Cela peut être provoqué dans les tranchées pendant le forçage (culture traditionnelle) ou pendant le stockage du produit récolté. Suite à l'oxydation de la sève,les taches deviennent rouge-brun.

– Frost-bite

These alterations occur when the chicory is exposed to a temperature of about 1°C. They show themselves by sunken and sharply limited spots, which are on the external side of the leaves. This can happen during forcing in the trenches (traditional forcing) or during storage after harvesting. The spots become red-brown due to oxidation of the cell saps.

Brûlures dues à une température trop basse pendant le forçage

Frost-bite due to low temperature during forcing

Exclu – Not allowed

Brûlures dues à une température trop basse pendant le stockage

Chilling injury due to low temperature during storage

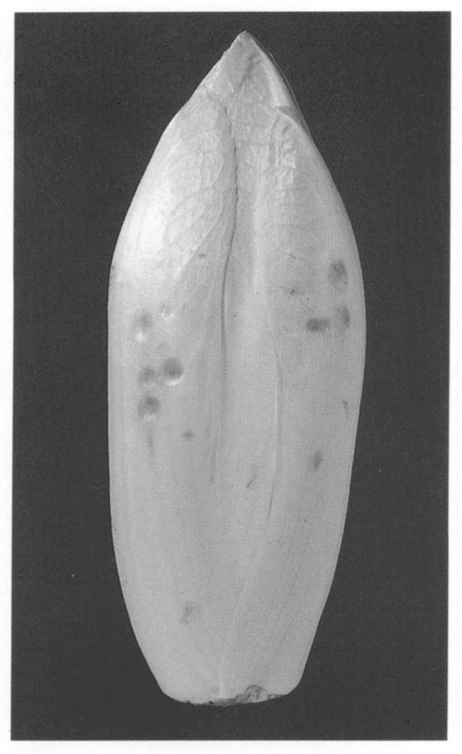

Exclu – Not allowed

– Traces de meurtrissures

– Traces of bruising

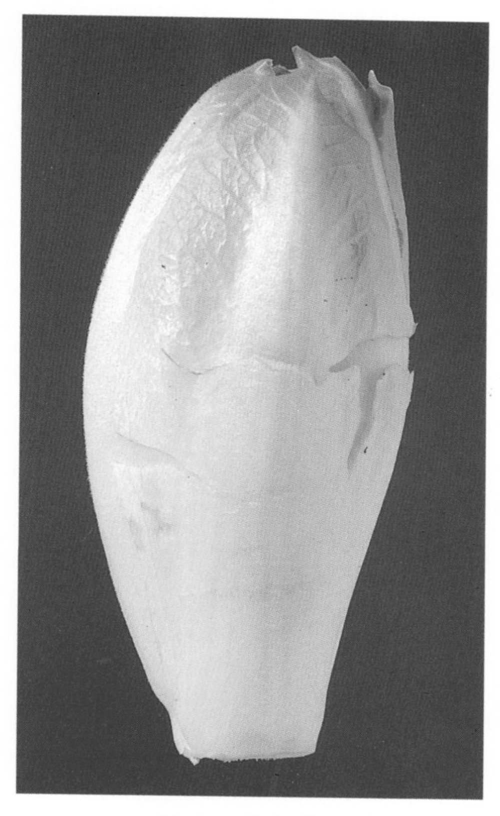

Exclu – Not allowed

vi) **Pratiquement exempts de parasites :** la présence de parasites peut porter atteinte à la présentation commerciale et à l'acceptation du produit.

vi) **Practically free from pests:** the presence of pests can detract from the commercial presentation and acceptance of the produce.

vii) **Pratiquement exempts de dommages causés par des parasites :** les dommages causés par des parasites peuvent porter atteinte à l'apparence générale, aux possibilités de conservation et de consommation du produit.

vii) **Practically free from damage caused by pests:** pest damage can detract from the general appearance, keeping quality and edibility of the produce.

Dommages causés par la mouche de l'endive

Damage caused by the endive fly

Exclu – Not allowed

viii) **Exempt d'ébauche de hampe florale supérieure aux trois quarts de leur longueur :**

viii) **Free of incipient floral spike more than 3/4 of its length:**

Hampe florale

Floral spike

Exclu – Not allowed

ix) **Clairs :** c'est-à-dire d'une coloration blanche à blanc jaunâtre ; un verdissement des feuilles dû à l'exposition à la lumière n'est pas admis.

ix) **Pale:** i.e. white to yellowish-white in colour; a greenish shade on the leaves through exposure to light is not allowed.

Verdissement

Greenish shade

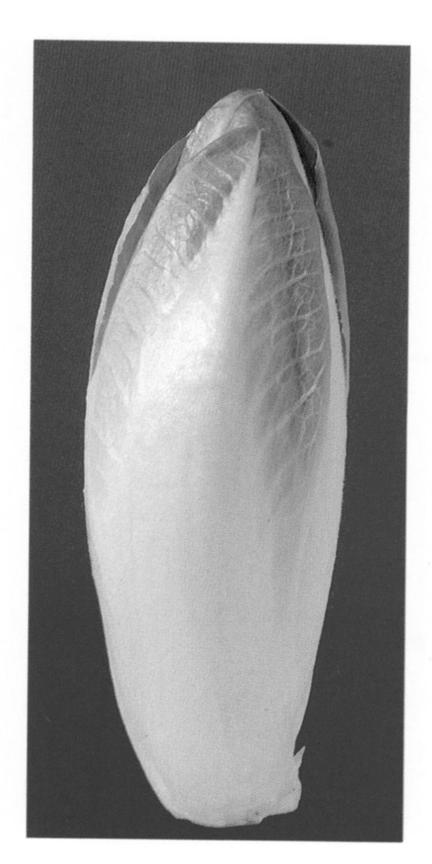

Exclu – Not allowed

x) **Coupés franc ou cassés de façon nette :** la coupe ou la cassure pratiquée à la base doit être nette et autant que possible perpendiculaire à l'axe longitudinal.

x) **Cut or broken off cleanly:** the cut or the crack at the neck must be clean and, as far as possible, at right angles to the longitudinal axis.

Coupe ou cassure pas nette

No clean cut or crack

Exclu – Not allowed

xi) **Exempts d'humidité extérieure anormale :** cette disposition exclut les chicons nettement mouillés. Une légère condensation due à la différence de température à la sortie de l'entrepôt frigorifique ou de l'engin de transport est admise.

xii) **Exempts d'odeur et/ou de saveur étrangères :** cette disposition se réfère aux produits emmagasinés ou transportés dans de mauvaises conditions et qui ont absorbé des odeurs et/ou des saveurs anormales, en particulier par la proximité d'autres produits qui dégagent des arômes volatiles. En outre, on s'attachera à n'utiliser comme éléments de protection dans l'emballage que des matériaux inodores.

xi) **Free of abnormal external moisture:** this rules out chicory that is clearly moist. Slight condensation due to a difference in temperature when produce is removed from cold storage or a transport vehicle is allowed.

xii) **Free of any foreign smell and/or taste:** this refers to produce, stored or transported under poor conditions, which has absorbed abnormal foreign smells and/or tastes, in particular through proximity to other produce giving off a volatile aroma. Furthermore, care must be taken to use only odourless protective materials when packaging the produce.

B. Classification

Les chicons font l'objet d'une classification en trois catégories définies ci-après :

i) Catégorie «Extra»

Les chicons classés dans cette catégorie doivent être de qualité supérieure.

Ils doivent être :

- de forme régulière ;
- fermes ;
- bien coiffés, c'est-à-dire avoir une partie terminale aiguë et bien fermée.

Ils doivent en outre :

- avoir les feuilles extérieures mesurant au minimum les trois quarts de la longueur du chicon ; et
- ne présenter ni verdissement, ni aspect vitreux.

Ils ne doivent pas présenter de défauts, à l'exception de très légères altérations superficielles, à condition que celles-ci ne portent pas atteinte à l'aspect général du produit, à sa qualité, à sa conservation ou à sa présentation dans l'emballage.

B. Classification

Chicory is classified into three classes defined below:

i) «Extra» Class

Chicory in this class must be of superior quality.

They must be:

- well-formed;
- firm;
- have close heads, i.e. heads with a sharp well-closed tip.

In addition, they must:

- have outer leaves measuring at least three-quarters of the length of the chicory;
- be neither greenish nor glassy looking in appearance.

They must be free of defects with the exception of very slight superficial defects, provided that these do not affect the general appearance of the produce, the quality, the keeping quality and presentation in the package.

ANALYSE DE LA CATÉGORIE «EXTRA»

Les chicons classés dans cette catégorie doivent être de qualité supérieure et de présentation très soignée. Cette exigence correspond à une sélection très soigneuse des produits.

Qualité supérieure

ANALYSIS OF «EXTRA» CLASS

Chicory in this class must be of superior quality and carefully presented. This requirement calls for very careful selection of produce.

Superior quality

De très légères altérations superficielles, notamment dues aux manipulations, peuvent être admises à condition qu'elles ne portent pas atteinte à l'aspect général, à la qualité et à la présentation dans l'emballage.

Very slight superficial defects, in particular due to handling, may be allowed provided that these do not affect the general apperance of the produce, the quality and the presentation in the package.

Très léger défaut superficiel

Very slight superficial defect

Limite admise – Limit allowed

Caractéristiques qualitatives

Les chicons doivent présenter les caractéristiques suivantes :

Forme : Les chicons doivent être de forme régulière, sans déformation ou malformation.

Illustration de deux types différents

Forme régulière Well-formed

Quality requirements

The chicory must show the following characteristics:

Shape: The chicory must be well-formed, with no deformations or malformations.

Two different types illustrated

Forme régulière Well-formed

Limite admise – Limit allowed

Limite admise – Limit allowed

Fermeté : Les chicons doivent être fermes, c.à.d. que les feuilles doivent être très bien serrées les unes contre les autres.

Firmness: The chicory must be firm, i.e. the leaves must be very tight and close.

Fermeté

Firmness

Limite admise – Limit allowed

Partie terminale : Elle doit être bien coiffée, c.à.d. être pointue et bien fermée. Les pointes des feuilles doivent se toucher et se recouvrir entiérement, de sorte qu'il n'y ait pas d'ouverture .

Tip: This must be well-formed, i.e. sharp and well-closed. The tips of the leaves must cover each other totally so that there is no opening.

Illustration de deux types différents

Two different types illustrated

Partie terminale bien coiffée — Well-formed tip

Limite admise – Limit allowed

Partie terminale bien coiffée — Well-formed tip

Limite admise – Limit allowed

Feuilles extérieures : Elles doivent mesurer au minimum les trois quarts de la longueur du chicon.

Outer leaves: These must measure at least three-quarters the length of the chicory.

Longueur des feuilles extérieures

Length of outer leaves

Limite admise – Limit allowed

Couleur : Les chicons ne doivent pas présenter de verdissement (cf. caractéristiques minimales) ni d'aspect vitreux.

Colour: The chicory should not be greenish (see minimum requirements) or glassy in appearance.

ii) Catégorie I

Les chicons classés dans cette catégorie doivent être de bonne qualité.

Ils doivent être suffisamment fermes, avoir les feuilles extérieures mesurant au moins la moitié de la longueur du chicon, ne présenter ni verdissement, ni aspect vitreux.

Ils peuvent comporter des légers défauts, à condition que ceux-ci ne portent pas atteinte à l'aspect général du produit, à sa qualité, à sa conservation et à sa présentation dans l'emballage.

Ils peuvent être de forme moins régulière et présenter une partie terminale moins bien serrée et moins bien coiffée, sans toutefois que le diamètre de l'ouverture dépasse le cinquième du diamètre maximal du chicon.

ii) Class I

Chicory in this class must be of good quality.

They must be reasonably firm, have outer leaves measuring at least half the length of the chicory, and not be greenish nor glassy looking in appearance.

Slight defects, however, may be allowed provided that these do not affect the general appearance of the produce, the quality, the keeping quality and presentation in the package.

They may be less well-formed and the tips less tightly closed, provided that the diameter of the opening does not exceed one-fifth of the maximum diameter of the chicory.

ANALYSE DE LA CATÉGORIE I

Les produits classés dans cette catégorie doivent être de bonne qualité et de présentation soignée.
Bien que les exigences qualitatives soient moins sévères que pour la catégorie «Extra», il n'en demeure pas moins que les chicons classés dans cette catégorie doivent être soigneusement sélectionnés et présentés.

ANALYSIS OF CLASS I

The produce in this class must be of good quality and carefully presented.
Although the quality requirements are not as strict as those applying to the «Extra» Class, the chicory must nevertheless be carefully selected and presented.

Bonne qualité

Good quality

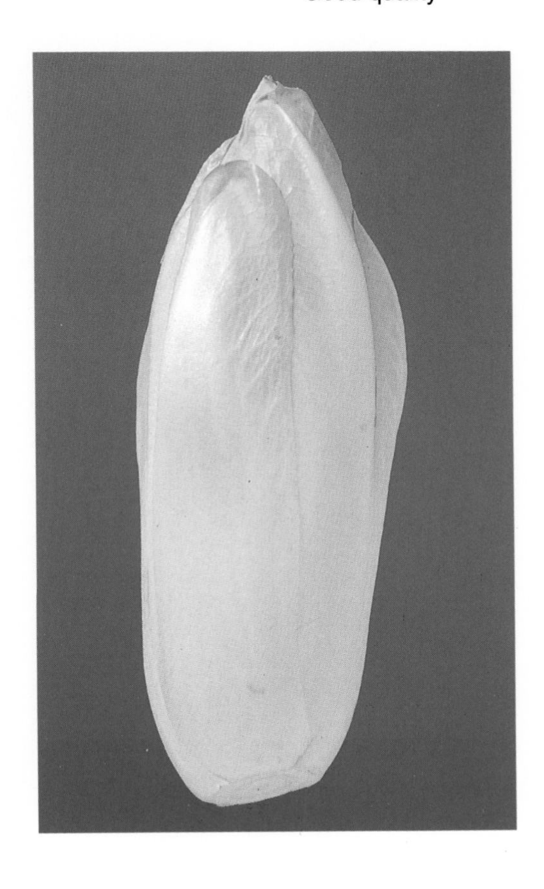

De légers défauts sont admis s'ils ne nuisent pas à l'aspect général du produit, à sa qualité et à sa présentation dans l'emballage.

Slight defects are allowed provided that these do not affect the general appearance of the produce, the quality and the presentation in the package.

- Légers défauts dûs à la manutention lors de la récolte et du conditionnement.

- Slight defects due to handling during harvesting and packaging

Léger défaut

Slight defect

Limite admise – Limit allowed

– Coloration de l'axe

Une légère coloration de l'axe est admise. Selon la nature de la coloration on fait la distinction entre :

Axe vitreux : une légère coloration vitreuse à grise de l'axe due à un excès d'eau dans les tissus.

Axe vitreux

– Colouration of the axis

A slight colouration of the axis is allowed. According to the type of colouration, a distinction is made between :

Glassy axis: a slightly glassy to grey colouration due to an excess of water in the tissue of the axis.

Glassy axis

Limite admise – Limit allowed

Axe brun : une coloration brune, due à la présence de cellules nécrotiques dans l'axe.

Brown axis: a brown colouration due to the presence of necrotic cells in the tissue of the axis.

Axe brun

Brown axis

Limite admise – Limit allowed

Axe creux : une cavité de l'axe est admise à condition qu'elle ne dépasse pas une profondeur de 1.5 cm mesurée à partir de la base et qu'elle soit propre.

Cavity of the axis: a cavity of the axis is allowed provided that it does not go deeper than 1.5 cm from the base and is clean.

Caractéristiques qualitatives

En outre, les chicons doivent présenter les caractéristiques suivantes :

Forme : Les chicons peuvent être de forme moins régulière, c.à.d. présenter une légère déformation

Quality requirements

The chicory must also present the following characteristics:

Shape: The chicory may be less well-formed, i.e. slightly deformed

Illustration de deux types différents

Two different types illustrated

Forme moins régulière Less well-formed

Limite admise – Limit allowed

Forme moins régulière Less well-formed

Limite admise – Limit allowed

Fermeté : Les chicons doivent être suffisamment fermes, c.à.d. que les feuilles doivent être assez bien serrées les unes contre les autres.

Firmness: The chicory must be reasonably firm. The leaves may be less tight.

Suffisamment fermes

Reasonably firm

Limite admise – Limit allowed

Partie terminale : Elle peut être moins bien coiffée, c.à.d. que les pointes des feuilles peuvent ne pas se couvrir entièrement, qu'elles peuvent être moins serrées et présenter une légère déformation. Une ouverture n'est admise qu'à condition que le diamètre ne soit pas supérieur à un cinquième du diamètre maximal du chicon.

Tip: It may be less well formed, i. e. the tips of the leaves may not cover each other totally, they may be less tightly closed and show a slight deformation. An opening is allowed, provided that the diameter of the opening does not exceed one-fifth of the maximum diameter of the chicory.

Partie terminale moins bien coiffée

Tip less well-formed

Limite admise – Limit allowed

Partie terminale : *(suite)*

Tip: *(cont.)*

Ouverture

Opening

Limite admise – Limit allowed

Texte interprétatif de la norme

Interpretation of the standard

Feuilles extérieures : Elles doivent mesurer au minimum la moitié de la longueur du chicon.

Outer leaves : These must measure at least half the length of the chicory.

Longueur des feuilles extérieures

Length of outer leaves

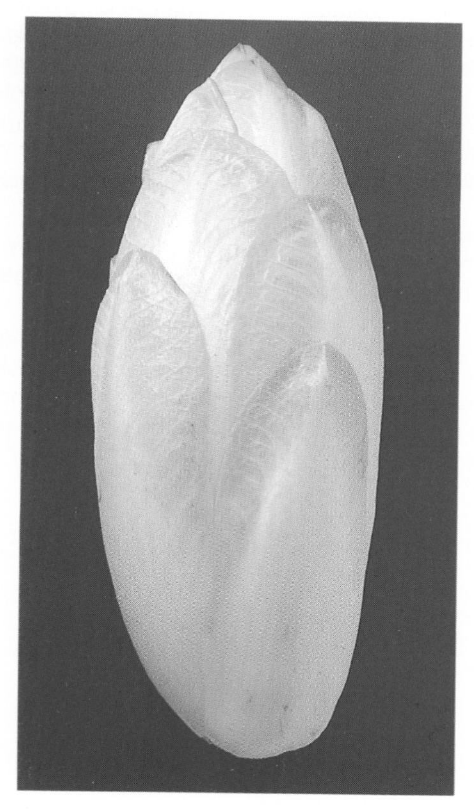

Limite admise – Limit allowed

Couleur : Les chicons ne doivent pas présenter de verdissement (cf.Caractéristiques minimales), ni d'aspect vitreux.

Colour: The chicory should not be greenish (see minimum requirements) or glassy in appearance

iii) Catégorie II

Cette catégorie comprend les chicons qui ne peuvent être classés dans les catégories supérieures mais correspondent aux caractéristiques minimales ci-dessus définies.

Ils peuvent présenter les défauts suivants à condition de garder leurs caractéristiques essentielles de qualité, de conservation et de présentation :

- forme légèrement irrégulière ;
- léger verdissement de l'extrémité des feuilles ;
- partie terminale légèrement ouverte, le diamètre de l'ouverture ne peut être supérieur au tiers du diamètre maximal du chicon.

En outre sont admis dans cette catégorie, sous réserve d'être conditionnés à part en emballages homogènes et de répondre à toutes les exigences de la catégorie, les chicons dont la forme est irrégulière.

iii) Class II

This class includes chicory which does not qualify for inclusion in the higher classes but satisfies the minimum requirements specified above.

The following defects may be allowed provided the chicory retains its essential characteristics as regards the quality, the keeping quality and presentation:

- slightly irregular shape;
- slight greenish shade at the tip of the leaves;
- slightly open tip; the diameter of the opening may not exceed one-third of the maximum diameter of the chicory.

In addition, this class may include chicory of irregular form provided it is presented separately in homogeneous packages and fulfils all the other requirements laid down for the class.

ANALYSE DE LA CATÉGORIE II

Les produits de cette catégorie doivent être de qualité marchande et être présentés de manière convenable.

Bien qu'elle comprenne les produits qui ne sont pas classés dans les deux catégories supérieures, ceux-ci demeurent néanmoins d'une utilisation courante.

Une coloration de l'axe pour autant qu'elle ne dégénère pas en pourriture est admise.

ANALYSIS OF CLASS II

This class includes produce which is of marketable quality and suitably presented.

Although the produce does not qualify for inclusion in higher classes, it is nevertheless suitable for everyday consumption.

The axis may be coloured as long as this does not lead to rotting.

Texte interprétatif de la norme

Interpretation of the standard

Caractéristiques qualitatives

Forme : Les chicons peuvent avoir une forme légèrement irrégulière, c'est-à-dire présenter des déformations ou malformations. Cependant le corps du chicon doit être fermé sur au moins 3/4 de la longueur.

Quality requirements

Shape: The chicory may be slightly irregular in shape, i.e. displaying deformations or malformations. However, the chicory must be closed along at least three-quarters of its length.

Illustration de trois types différents

Forme légèrement irrégulière

Three different types illustrated

Slightly irregular shape

Limite admise – Limit allowed

Forme légèrement irrégulière *(suite)* Slightly irregular shape *(cont.)*

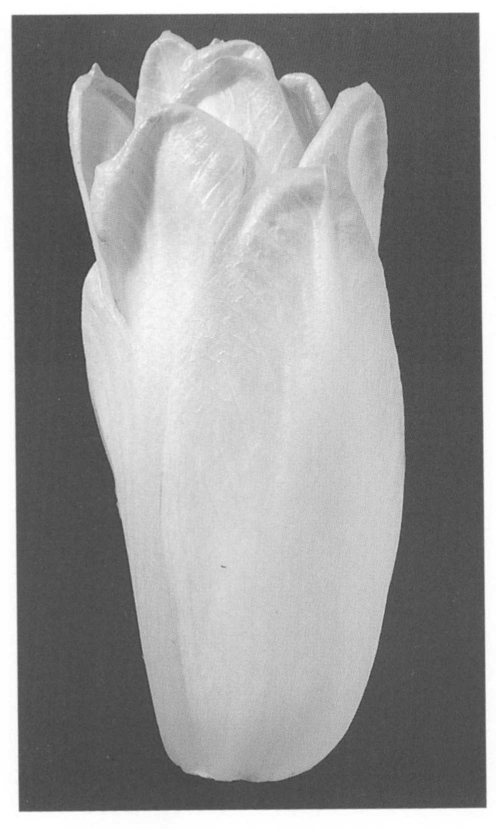

Limite admise – Limit allowed

Forme légèrement irrégulière *(suite)*

Slightly irregular shape *(cont.)*

Limite admise – Limit allowed

Partie terminale : Elle peut être légèrement ouverte et présenter une ouverture dont le diamètre ne peut être supérieur au tiers du diamètre maximal du chicon.

Tip: This may be slightly open, provided that the diameter of the opening does not exceed one-third of the maximum diameter of the chicory.

Ouverture

Opening

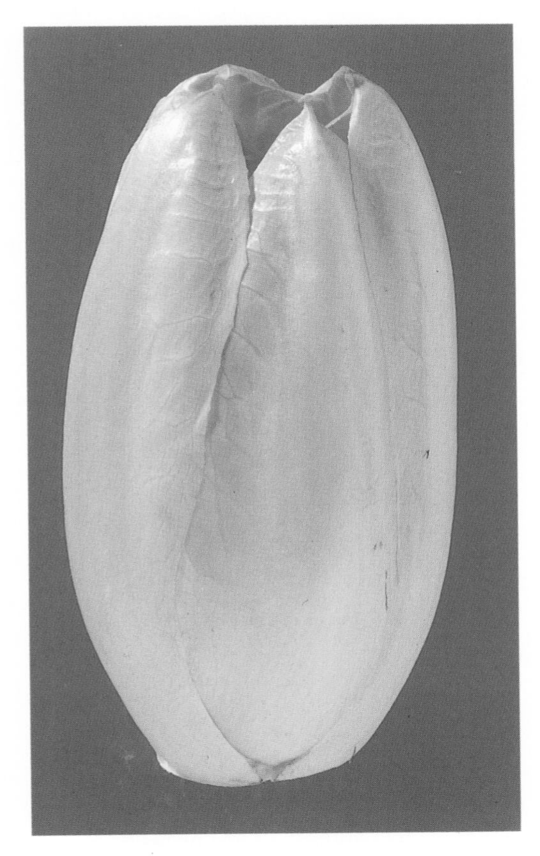

Limite admise – Limit allowed

Texte interprétatif de la norme

Interpretation of the standard

Couleur : Un léger verdissement de l'extrémité des feuilles dû à l'exposition à la lumière, est admis.

Colour: A slight greenish shade is allowed at the tip of the leaves due to exposure to the light.

Léger verdissement

Slight greenish shade

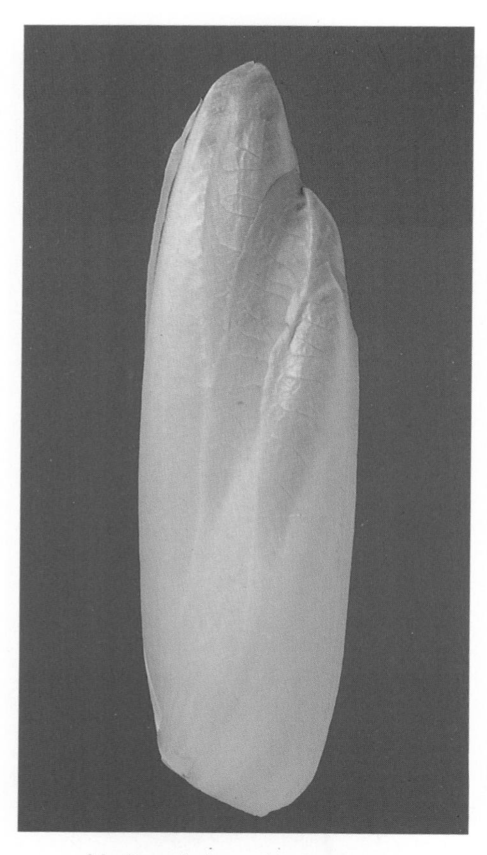

Limite admise – Limit allowed

Chicons de forme irrégulière : Sous réserve d'être conditionnés à part en emballages d'au moins 7 kg portant la dénomination «forme irrégulière», les chicons de forme irrégulière, c'est-à-dire avec des malformations et/ou déformations prononcées, sont admis. Toutefois ces chicons doivent satisfaire à toutes les autres prescriptions de la catégorie II.

Chicory of irregular shape: This class may include chicory of irregular shape, i.e. with pronounced malformations and/or deformations, provided the produce is presented separately in packages weighing 7 kilograms or more. However, the chicory must meet all the other requirements laid down for Class II.

Illustration de deux types différents

Two different types illustrated

Forme irrégulière

Irregular shape

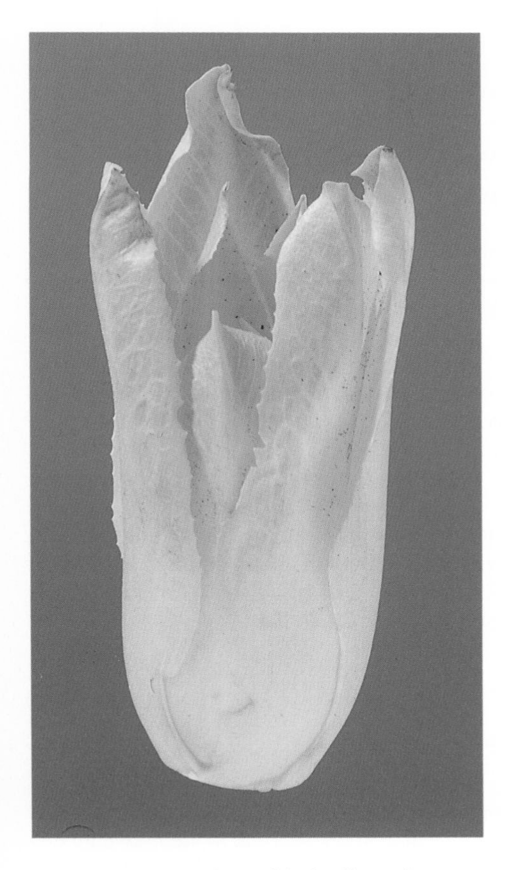

Limite admise – Limit allowed

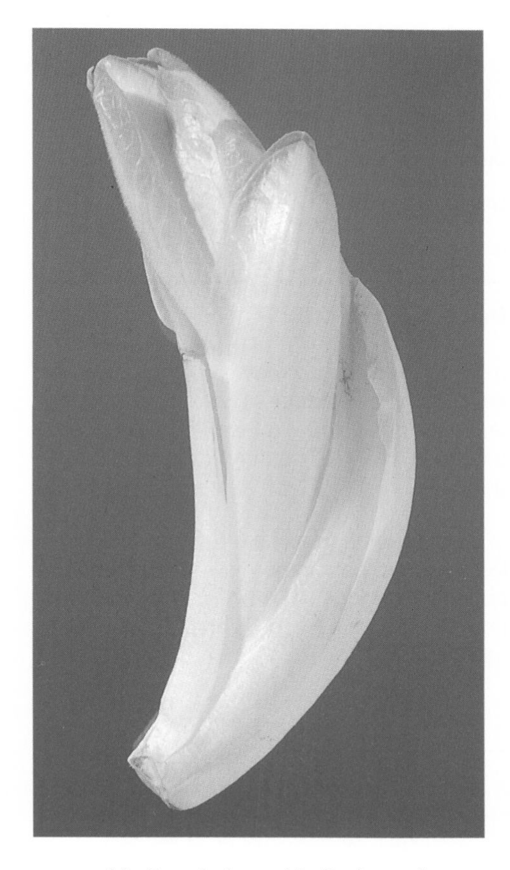

Limite admise – Limit allowed

III DISPOSITIONS CONCERNANT LE CALIBRAGE

Le calibre est déterminé d'une part par le diamètre de la plus grande section perpendiculaire à l'axe longitudinal et, d'autre part, par la longueur.
Pour chacune des catégories, les calibres (en centimètres) sont fixés comme suit :

	«Extra»	I	II
Diamètre minimal			
– Chicon d'une longueur inférieure à 14 centimètres	2.5	2.5	2.5
– Chicon d'une longueur égale ou supérieure à 14 centimètres	3	3	2.5
Diamètre maximal	6	8	-
Longueur minimale	9	9	9 [2]
Longueur maximale	17	20	24

Dans un même colis :

i) la différence maximale de longueur entre les chicons est limitée à 5 centimètres pour la catégorie «Extra», à 8 centimètres pour la catégorie I et à 10 centimètres pour la catégorie II.

ii) la différence maximale de diamètre entre les chicons est limitée à 2.5 centimètres pour la catégorie «Extra», à 4 centimètres pour la catégorie I et à 5 centimètres pour la catégorie II.

2 . Toutefois, les chicons d'une longueur comprise entre 6 et 12 centimètres peuvent être présentés en catégorie II sous réserve de la mention, sur le colis, des longueurs minimale et maximale des chicons contenus.

III PROVISIONS CONCERNING SIZING

Size is determined by the diameter of the widest section at right angles to the longitudinal axis, and according to length.
Sizes (in centimetres) for the various classes are fixed as follows:

	«Extra»	I	II
Minimum diameter			
–Chicory under 14 cm in length	2.5	2.5	2.5
–Chicory 14 cm or over in length	3	3	2.5
Maximum diameter	6	8	-
Minimum length	9	9	9 [2]
Maximum length	17	20	24

Within the same package:

i) the maximum permissible difference in length between the pieces of chicory is 5 cm for «Extra» class, 8 cm for Class I and 10 cm for Class II.

ii) the maximum permissible difference in diameter between the pieces of chicory is 2.5 cm for «Extra» class, 4 cm for Class I and 5 cm for Class II.

2 . However, chicory between 6 and 12 cm in length may be presented in Class II subject to mention being made on the package of the maximum and minimum length of the pieces of chicory contained therein.

CALIBRAGE

Le calibrage est obligatoire pour toutes les catégories. Le calibrage est déterminé par le diamètre de la plus grande section perpendiculaire à l'axe longitudinal, d'une part, et par la longueur, d'autre part. Les diamètres à appliquer sont énumérés dans le tableau ci-contre.

Dans un même colis, la différence maximale de longueur et de diamètre est également limitée pour les différentes catégories.

SIZING

Sizing is compulsory for all classes. Size is determined according to the diameter of the widest section at right angles to the longitudinal axis, and according to length. The diameters listed in the table opposite are applicable.

Within the same package, maximum permissible lengths and diameters are also restricted for the various categories.

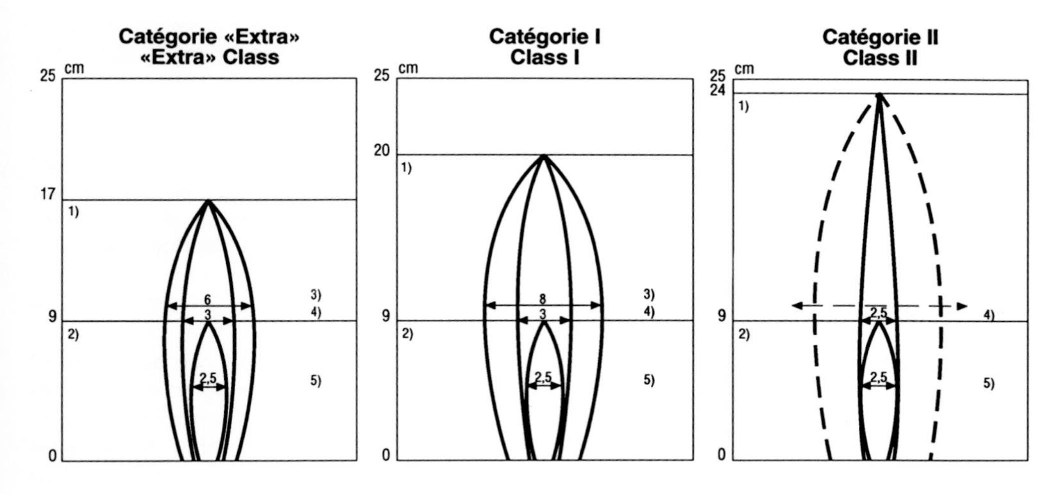

1) Longueur maximale

2) Longueur minimale

3) Diamètre maximal

4) Diamètre minimal pour des chicons d' une longueur égale ou supérieure à 14cm

5) Diamètre minimal pour des chicons d' une longueur inférieure à 14cm

1) Maximum length

2) Minimum length

3) Maximum diameter

4) Minimum diameter for chicory 14cm or over in length

5) Minimum diameter for chicory under 14cm in length

IV
DISPOSITIONS CONCERNANT LES TOLÉRANCES

Des tolérances de qualité et de calibre sont admises dans chaque colis pour les produits non conformes aux exigences de la catégorie indiquée.

A. *Tolérances de qualité*

i) *Catégorie «Extra» :* 5 pour cent en nombre ou en poids de chicons ne correspondant pas aux caractéristiques de la catégorie mais conformes à celles de la catégorie I, ou exceptionnellement, admises dans les tolérances de cette catégorie.

ii) *Catégorie I :* 10 pour cent en nombre ou en poids de chicons ne correspondant pas aux caractéristiques de la catégorie mais conformes à celles de la catégorie II, ou exceptionnellement, admises dans les tolérances de cette catégorie.

iii) *Catégorie II :* 10 pour cent en nombre ou en poids de chicons ne correspondant pas aux caractéristiques de la catégorie ni aux caractéristiques minimales, à l'exception des produits atteints de pourriture ou de toute autre altération les rendant impropres à la consommation.

IV
PROVISIONS CONCERNING TOLERANCES

Tolerances in respect of quality and size shall be allowed in each package for produce not satisfying the requirements of the class indicated.

A. *Quality tolerances*

i) *«Extra» Class:* 5 per cent by number or weight of chicory not satisfying the requirements of the class but meeting those of Class I or, exceptionally, coming within the tolerances of that class.

ii) *Class I:* 10 per cent by number or weight of chicory not satisfying the requirements of the class but meeting those of Class II or, exceptionally, coming within the tolerances of that class.

iii) *Class II:* 10 per cent by number or weight of chicory satisfying neither the requirements of the class nor the minimum requirements, with the exception of produce affected by rotting or any other deterioration rendering it unfit for consumption.

TOLÉRANCES DE QUALITÉ

Les tolérances sont prévues pour tenir compte d'une possible erreur humaine dans les opérations de classification et de conditionnement. Il n'est donc pas admis d'inclure à dessein les produits non conformes à la qualité requise, c'est-à-dire d'exploiter la tolérance délibérément.

La tolérance est évaluée par l'appréciation de chaque colis échantillon d'emballage et par la moyenne d'ensemble des échantillons examinés. La tolérance est constatée en pourcentage du nombre ou du poids net de l'échantillon global.

Une tolérance de 5 pour cent est admise pour la catégorie «Extra» et de 10 pour cent pour la catégorie I pour les chicons qui ne correspondent pas aux caractéristiques de la catégorie désignée, mais qui sont conformes à celles de la catégorie immédiatement inférieure ou exceptionnellement admise dans la tolérance de la catégorie.

Toutefois, les chicons de forme irrégulière ne sont admis qu'exceptionnellement dans les tolérances de la catégorie I.

Dans la catégorie II, il n'est admis que 10 pour cent de chicons au maximum, non conformes aux caractéristiques de la catégorie II ou aux caractéristiques minimales. Ces tolérances ne portent pas sur des chicons atteints de pourriture ou de toute autre altération les rendant impropres à la consommation.

QUALITY TOLERANCES

Tolerances are provided to allow for human error during the grading and packing process. So it is not permitted to include out of grade products i.e., to exploit the tolerances deliberately.

The tolerance is determined by examining each sample package and taking the average of all samples examined. It is stated in terms of the number of pieces or the weight of the global sample.

The tolerance allows a maximum of 5 per cent for «Extra» class and 10 per cent for Class I by number or weight of chicory not satisfying the requirements of the indicated class. Such chicory however, must meet the requirements of the class immediately below, or exceptionally coming within the tolerances of that class.

However, chicory of irregular form is only admitted exceptionally in the tolerance of Class I.

For Class II up to 10 per cent of chicory is allowed which does not meet the requirements for Class II or the minimum requirements. This does not include chicory not fit for consumption, i.e. rotten or severely damaged chicory.

B. Tolérances de calibre

Pour toutes les catégories : 10 pour cent en nombre ou en poids de chicons dont les dimensions, en ce qui concerne tant la longueur que le diamètre, différent au maximum d'un centimètre en plus ou en moins des dimensions extrêmes retenues pour le calibrage visé au chapitre III. Il n'est toutefois pas admis de tolérances pour le diamètre minimal.

B. Size tolerances

For all classes: 10 per cent by number or weight of chicory 1 cm above or below, as regards both length and diameter, the measurements of the size/grades given in Section III. However, no tolerance is allowed for minimum diameter.

TOLÉRANCES DE CALIBRE

10 pour cent de chicons, en nombre ou en poids, peuvent différer au maximum d'un centimètre en plus ou en moins des dimensions retenues ci-dessus. Cette disposition n'est toutefois pas appliquée pour le diamètre minimal.

SIZE TOLERANCES

10 per cent of the chicory, either in number or weight, may differ in length or diameter by no more than 1 cm above or below the size grades given above. However, this provision does not apply to minimum diameter.

V
DISPOSITIONS CONCERNANT LA PRÉSENTATION

A. Homogénéité

Le contenu de chaque colis doit être homogène et ne comporter que des chicons de même origine, variété, qualité et calibre.
La partie apparente du contenu du colis doit être représentative de l'ensemble.

B. Conditionnement

Les chicons doivent être conditionnés de façon à assurer une protection convenable du produit.
S'ils sont présentés en emballages en bois, ils doivent être séparés de toutes les parois par un matériau protecteur.
Les matériaux utilisés à l'intérieur du colis doivent être neufs, propres et de matière telle qu'ils ne puissent causer aux produits d'altérations externes ou internes. L'emploi de matériaux et notamment de papiers ou timbres comportant des indications commerciales est autorisé, sous réserve que l'impression ou l'étiquetage soit réalisé à l'aide d'une encre ou d'une colle non toxique.
Les colis doivent être exempts de tout corps étranger.

C. Présentation

Les chicons peuvent être présentés de l'une des façons suivantes :

- en emballages rigides rangés régulièrement ;
- en petits emballages flexibles.

Les chicons classés en catégorie II de forme irrégulière doivent être présentés dans un emballage d'un poids égal ou supérieur à 7 kilogrammes.

V
PROVISIONS CONCERNING PRESENTATION

A. Uniformity

The contents of each package must be uniform and contain only chicory of the same origin, variety, quality and size.
The visible part of the contents of each package must be representative of the entire contents.

B. Packaging

The chicory must be packed in such a way as to protect the produce properly.
If presented in wooden packages, it must be separated from all sides by protective material.
The materials used inside the package must be new, clean and of a quality such as to avoid causing any external or internal damage to the chicory. The use of materials, particularly paper or stamps bearing trade specifications, is allowed provided the printing or labelling has been done with a non-toxic ink or glue.
Packages must be free of all foreign matter.

C. Presentation

The chicory must be presented either:

- in rigid packages where they are arranged evenly; or
- in small flexible packages.

Chicory of irregular shape in Class II must be put in packages weighing 7 kilogrammes or more.

PRÉSENTATION ET EMBALLAGE

Homogénéité

On vérifiera soigneusement que les chicons sont de même variété, qualité, calibre et origine. On veillera particulièrement à réprimer le «fardage» qui consiste à dissimuler dans les couches inférieures du colis les produits de qualité ou de calibre différents de ceux qui sont placés dans la couche supérieure.

Conditionnement

La qualité, la solidité et la matière des emballages doivent leur permettre de protéger les produits lors du transport.
Il convient d'assurer une protection appropriée du produit par des matériaux, à l'intérieur de l'emballage, neufs et propres, ainsi que d'éviter la présence de corps étrangers, tels que des feuilles, du sable ou de la terre, qui nuisent à la bonne présentation. Il conviendra de distinguer le défaut accidentel de la malpropreté systématique constatée sur plusieurs colis et qui entraîne, dans tous les cas, le refoulement de la marchandise.

PRESENTATION AND PACKAGING

Uniformity

The chicory must be carefully checked to ensure that it is of the same variety, quality, size and origin. Special care must be taken to avoid «camouflaging», i.e. concealing in the lower layers of the package produce which, in terms of variety, quality, size and origin, differs from that placed on the top layers.

Packaging

Containers must be of a quality, strength and design to protect the product in transit.
This is to ensure that the produce is suitably protected by new, clean materials inside the package and that the package is free of foreign matter such as leaves, sand or soil that might detract from presentation. A distinction must be made between an accidental defect and consistent lack of cleanliness observed in several packages; the latter will result in systematic rejection of the produce.

Présentation

Les chicons doivent être présentés soit rangés régulièrement, soit en petits emballages. Dans les exemples présentés, le papier entre les couches n'est pas obligatoire.

Présentation en couches rangées

Presentation

The chicory must be presented either evenly or in small packages. In the examples shown, paper between layers is not mandatory.

Presentation arranged evenly

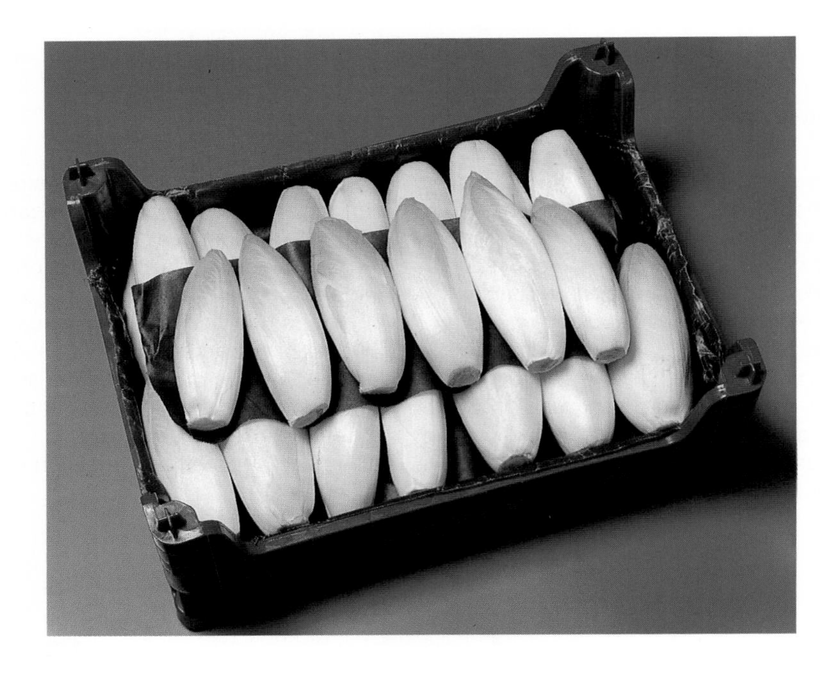

Petit emballage

Small package

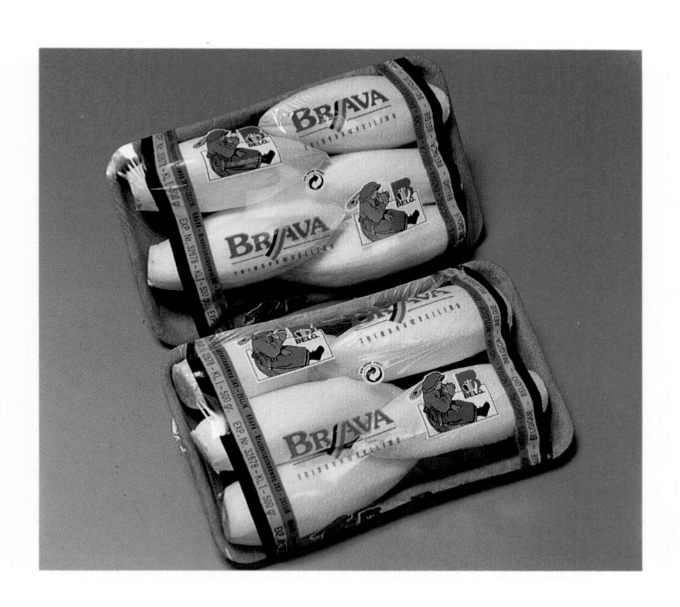

Catégorie «Extra»

«Extra» class

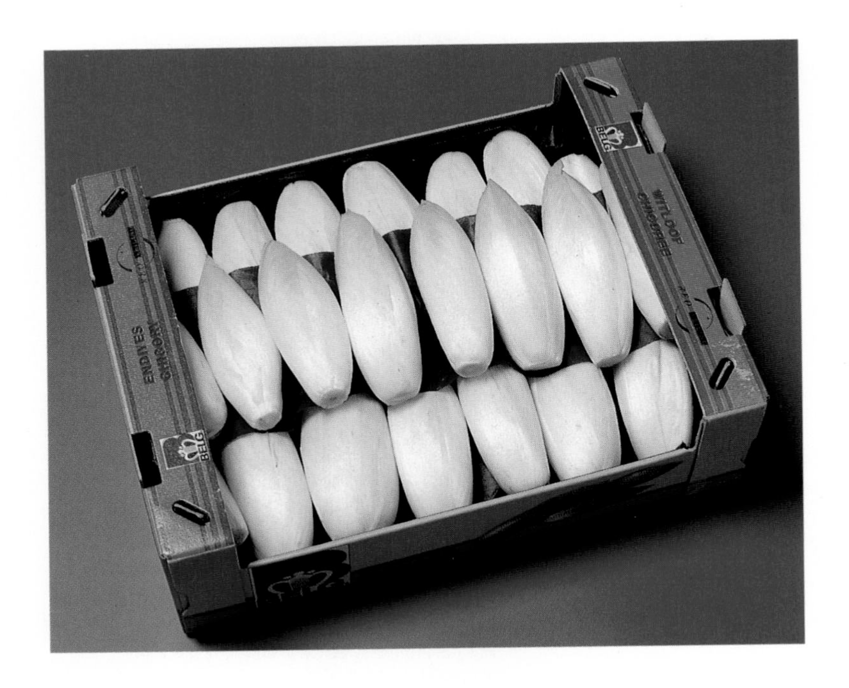

Catégorie I

Class I

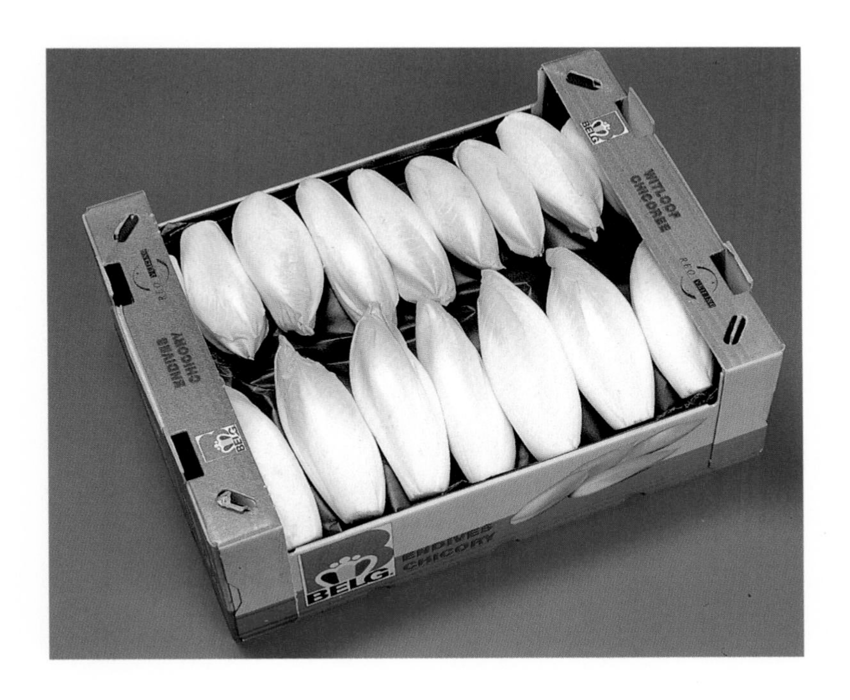

Catégorie II

Class II

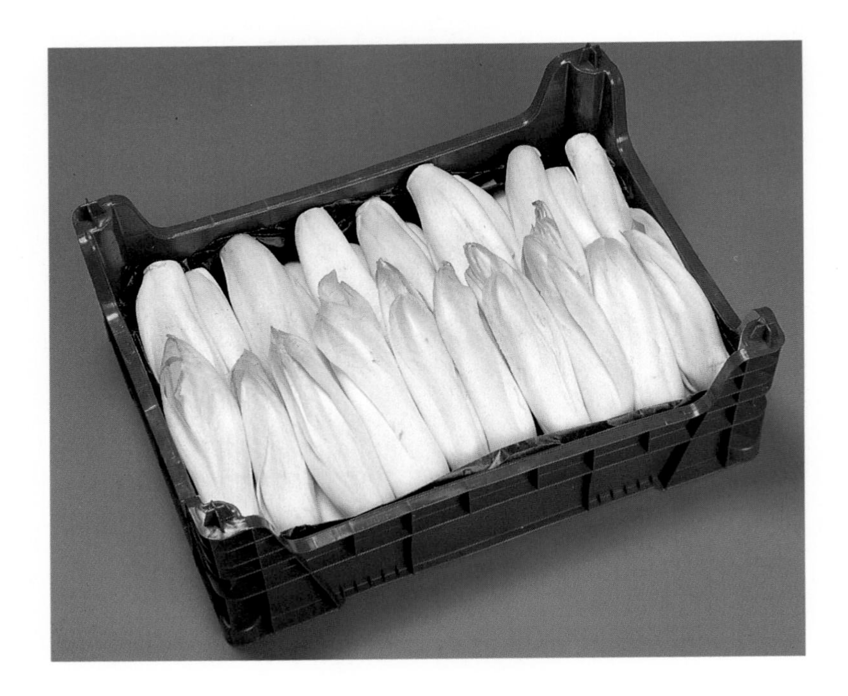

Catégorie II
Forme irrégulière

Class II irregular shape

VI DISPOSITIONS CONCERNANT LE MARQUAGE

Chaque colis[3] doit porter en caractères groupés sur un même côté, lisibles, indélébiles et visibles de l'extérieur, les indications ci-après :

A. Identification

Emballeur et/ou Expéditeur	Nom et adresse ou identification symbolique délivrée ou reconnue par un service officiel[4]

B. Nature du produit

«Witloof» ou «Chicorée Witloof» ou «Endives Witloof» si le contenu n'est pas visible de l'extérieur.

C. Origine du produit

Pays d'origine et, éventuellement, zone de production ou appellation nationale, régionale ou locale.

3 . Les emballages unitaires de produits préemballés destinés à la vente directe au consommateur ne sont pas soumis à ces règles de marquage, mais doivent répondre aux dispositions nationales prises en la matière. En revanche, ces indications doivent, en tout état de cause, être apposées sur l'emballage de transport contenant ces unités.

4 . Selon la législation nationale de certains pays européens, le nom et l'adresse doivent être indiqués explicitement.

VI PROVISIONS CONCERNING MARKING

Each package[3] must bear the following particulars in letters grouped on the same side, legibly and indelibly marked and visible from the outside:

A. Identification

Packer and/or Dispatcher	Name and address or officially issued or accepted code mark[4]

B. Nature of produce

«Witloof» or «Witloof chicory» or «Witloof endives», if the contents are not visible from the outside.

C. Origin of produce

Country of origin and, optionally, district where grown, or national, regional or local place name.

3 . Package units of produce prepacked for direct sale to the consumer shall not be subject to these marking provisions but shall conform to the national requirements. However, the markings referred to shall in any event be shown on the transport packaging containing such package units.

4 . The national legislation of a number of European countries requires the explicit declaration of the name and address.

MARQUAGE

Les différentes mentions prévues dans la rubrique «marquage» doivent être groupées sur l'un des côtés ou extrémités du colis.

Identification

Aux fins du contrôle, l'emballeur désigne la personne ou l'entreprise qui a la responsabilité du conditionnement des légumes dans l'emballage (il ne s'agit pas en l'espèce du personnel d'exécution dont la responsabilité n'existe que devant l'employeur). L'identification symbolique s'entend non par référence à une marque commerciale, mais à un système contrôlé par un organisme officiel et permettant de reconnaître sans équivoque le responsable du conditionnement des produits dans l'emballage (la personne ou l'entreprise). Toutefois, la responsabilité peut être volontairement ou obligatoirement assumée uniquement par l'expéditeur vis-à-vis du contrôle et dans ce cas, l'identification de l'«emballeur» au sens défini ci-dessus n'est plus nécessaire.

Nature du produit

La mention «Witloof» ou «Chicorée Witloof» ou «Endives Witloof» ne doit obligatoirement figurer que sur les emballages fermés et si le contenu n'est pas visible de l'extérieur.

Origine du produit

Le marquage devra mentionner le pays d'origine, c'est-à-dire le pays dans lequel les chicorées ont été produites (par exemple, Belgique). Eventuellement, la zone de production ou une appellation nationale, régionale ou locale peut également être indiquée.

MARKING

All the particulars mentioned under the heading «Marking» must be grouped on the same side or end of the package.

Identification

For control reasons, the packer is the person or firm responsible for packaging the produce (this does not mean the staff who actually do the work, who are responsible only to their employer). The code mark is not a trade mark but a system controlled by an official body in such a way that the person or firm responsible for packaging the produce can be identified beyond any doubt. However, at the export control stage, sole responsibility may be assumed, on a voluntary or compulsory basis, by the dispatcher of the consignment, in which case the identity of the «packer» as defined above is no longer necessary.

Nature of produce

The words «Witloof» or «Witloof chicory» or «Witloof endives» are only compulsory if the package is closed and if the contents are not visible from the outside.

Origin of produce

Markings must include the country of origin, i.e. the country in which the chicory was grown (e.g. Belgium). Optionally, district of origin in national, regional or local terms may also be shown.

D. Caractéristiques commerciales

– catégorie et, pour la catégorie II, la mention «forme irrégulière» le cas échéant et, facultativement, dénomination nationale équivalente.

– longueur maximale et minimale pour les chicons classés en catégorie II d'une longueur comprise entre 6 et 12 cm seulement.

E. Marque officielle de contrôle
(facultative)

D. Commercial specifications

– class and, in the case of Class II, the words «irregular shape» where applicable, and optionally an equivalent national des cription.

– maximum and minimum lengths in Class II, comprising chicory between 6 and 12 cm only.

E. Official control mark
(optional)

Caractéristiques commerciales

L'indication de la catégorie est obligatoire.

Exemple d'étiquette[5]

Commercial specifications

It is compulsory to mention the class of the produce.

Example of label[5]

5. Le numéro 31676/396 est l'identification symbolique de l'emballeur délivrée par le service officiel en Belgique.

5. The number 31676/396 is the officially issued code mark of the packer in Belgium.

LISTE DES PAYS

actuellement adhérents au «Régime» de l'OCDE pour l'application de normes internationales aux fruits et légumes [1]

Pays membres de l'OCDE / Member countries of the OECD

ALLEMAGNE/GERMANY
AUSTRALIE/AUSTRALIA
AUTRICHE/AUSTRIA
BELGIQUE/BELGIUM
CANADA/CANADA
DANEMARK/DENMARK
ESPAGNE/SPAIN
ETATS-UNIS D'AMERIQUE/UNITED STATES OF AMERICA
FRANCE/FRANCE
GRECE/GREECE
IRLANDE/IRELAND
ITALIE/ITALY
LUXEMBOURG/LUXEMBURG
NOUVELLE-ZELANDE/NEW ZEALAND
PAYS-BAS/NETHERLANDS
PORTUGAL/PORTUGAL
ROYAUME-UNI/UNITED KINGDOM
SUISSE/SWITZERLAND
TURQUIE/TURKEY

Pays non membres de l'OCDE / Non-member countries

ISRAEL/ISRAEL
ROUMANIE/RUMANIA
REPUBLIQUE FEDERATIVE TCHEQUE / CZECH FEDERAL REPUBLIC
POLOGNE/POLAND

---

1. A la date du 1er mai 1994 / On May 1, 1994

LIST OF THE COUNTRIES

at present members of the «OECD Scheme» for the application of international standards for fruit and vegetables [1]

Pays membres de l'OCDE / Member countries of the OECD

ALLEMAGNE/GERMANY
AUSTRALIE/AUSTRALIA
AUTRICHE/AUSTRIA
BELGIQUE/BELGIUM
CANADA/CANADA
DANEMARK/DENMARK
ESPAGNE/SPAIN
ETATS-UNIS D'AMERIQUE/UNITED STATES OF AMERICA
FRANCE/FRANCE
GRECE/GREECE
IRLANDE/IRELAND
ITALIE/ITALY
LUXEMBOURG/LUXEMBURG
NOUVELLE-ZELANDE/NEW ZEALAND
PAYS-BAS/NETHERLANDS
PORTUGAL/PORTUGAL
ROYAUME-UNI/UNITED KINGDOM
SUISSE/SWITZERLAND
TURQUIE/TURKEY

Pays non membres de l'OCDE / Non-member countries

ISRAEL/ISRAEL
ROUMANIE/RUMANIA
REPUBLIQUE FEDERATIVE TCHEQUE/ CZECH FEDERAL REPUBLIC
POLOGNE/POLAND

---

1. A la date du 1er mai 1994 / On May 1, 1994

EGALEMENT DISPONIBLES

Le Régime de l'OCDE pour l'application de la normalisation internationale aux fruits et légumes (1983)
(51 83 01 2) ISBN 92-64-22420-3 FF38 US$ 7.50 DM19

Normalisation internationale des fruits et légumes

Normalisation internationale des fruits et légumes. Pommes et poires (1983)
(51 83 02 3) ISBN 92-64-02413-1 FF95 US$19.00 DM47

Normalisation internationale des fruits et légumes. Aubergines (1987)
(51 87 02 3) ISBN 92-64-02930-3 FF75 US$15.00 DM33

Normalisation internationale des fruits et légumes. Table colorimétrique à l'usage des milieux commerciaux concernant la coloration de l'épiderme des pommes (1985)
(51 84 04 3) FF90 US$18.00 DM40

Normalisation internationale des fruits et légumes. Aulx (1980)
(51 80 07 3) ISBN 92-64-02098-5 FF48 US$12.00 DM24

Normalisation internationale des fruits et légumes. Oignons (1984)
(51 83 11 3) ISBN 92-64-02495-6 FF70 US$14.00 DM31

Normalisation internationale des fruits et légumes. Pêches (1979)
(51 79 09 3) ISBN 92-64-01994-4 FF36 US$ 9.00 DM18

Normalisation internationale des fruits et légumes. Fraises (1980)
(51 80 02 3) ISBN 92-64-02051-9 FF30 US$ 7.50 DM15

Normalisation internationale des fruits et légumes. Poivrons doux (1982)
(51 82 01 3) ISBN 92-64-02321-6 FF65 US$13.00 DM33

Normalisation internationale des fruits et légumes. Raisins de table (1980)
(51 80 01 3) ISBN 92-64-01997-9 FF32 US$ 8.00 DM16

Normalisation internationale des fruits et légumes. Tomates (1988)
(51 88 01 3) ISBN 92-64-03063-8 FF110 US$24.50 DM48

Normalisation internationale des fruits et légumes. Amandes douces en coques, noisettes en coques (1981)
(51 81 09 3) ISBN 92-64-02230-9 FF80 US$18.00 DM40

Normalisation internationale des fruits et légumes. Kiwis (1992)
(51 92 03 3) ISBN 92-64-03697-0 FF120 US$30.00 DM48

Normalisation internationale des fruits et légumes. Table colorimétrique des tomates (1992)
(51 92 05 3) FF 110 US$28.00 DM45

ALSO AVAILABLE

The OECD Scheme for the Application of International Standards for Fruit and Vegetables (1983)
(51 83 01 1) ISBN 92-64-12420-9 FF38 US$7.50 DM19

International Standardization of Fruit and Vegetables

International Standardization of Fruit and Vegetables. Apples and Pears
(1983) (51 83 02 3) ISBN 92-64-02413-1 FF95 US$19.00 DM47

International Standardization of Fruit and Vegetables. Aubergines (1987)
(51 87 02 3) ISBN 92-64-02930-3 FF75 US$15.00 DM33

International Standardization of Fruit and Vegetables. Colour Gauge for Use by the Trade in Gauging the Skin Colouring of Apples (1985)
(51 84 04 3) FF90 US$18.00 DM40

International Standardization of Fruit and Vegetables. Garlic (1980)
(51 80 07 3) ISBN 92-64-02098-5 FF48 US$12.00 DM24

International Standardization of Fruit and Vegetables. Onions (1984)
(51 83 11 3) ISBN 92-64-02495-6 FF70 US$14.00 DM31

International Standardization of Fruit and Vegetables. Peaches (1979)
(51 79 09 3) ISBN 92-64-01994-4 FF36 US$ 9.00 DM18

International Standardization of Fruit and Vegetables. Strawberries (1980)
(51 80 02 3) ISBN 92-64-02051-9 FF30 US$ 7.50 DM15

International Standardization of Fruit and Vegetables. Sweet Peppers (1982)
(51 82 01 3) ISBN 92-64-02321-6 FF65 US$13.00 DM33

International Standardization of Fruit and Vegetables. Table Grapes (1980)
(51 80 01 3) ISBN 92-64-01997-9 FF32 US$ 8.00 DM16

International Standardization of Fruit and Vegetables. Tomatoes (1988)
(51 88 01 3) ISBN 92-64-03063-8 FF110 US$24.50 DM48

International Standardization of Fruit and Vegetables. Unshelled Sweet Almonds, Unshelled Hazelnuts (1981)
(51 81 09 3) ISBN 92-64-02230-9 FF80 US$18.00 DM40

International Standardization of Fruit and Vegetables. Kiwifruit (1992)
(51 92 03 3) ISBN 92-64-03697-0 FF120 US$30.00 DM48

International Standardization of Fruit and Vegetables. Colour Gauge for Tomatoes (1992)
(51 92 05 3) FF110 US$28.00 DM45

EGALEMENT DISPONIBLES

Normalisation internationale des fruits et légumes. Mangues (1993)
(51 93 03 3) ISBN 92-64-03893-0 FF120 US$27.00 DM50

Normalisation internationale des fruits et légumes. Abricots (1994)
(51 94 07 3) ISBN 92-64-04119-2 FFE105 FF80 US$18.00 DM32

Prix de vente au public dans la librairie du siège de l' OCDE
LE CATALOGUE DES PUBLICATIONS de l'OCDE et ses suppléments seront envoyés gratuitement sur demande adressée soit à l'OCDE, Service des Publications, soit au distributeur des publications de l'OCDE de votre pays.

ALSO AVAILABLE

International Standardization of Fruit and Vegetables. Mangoes (1993)
(51 93 03 3) ISBN 92-64-03893-0 FF120 US$27.00 DM50

International Standardization of Fruit and Vegetables. Apricots (1994)
(51 94 07 3) ISBN 92-64-04119-2 FFE105 FF80 US$18.00 DM32

Prices charged at the OECD Bookshop.
THE OECD CATALOGUE OF PUBLICATIONS and supplements will be sent free of charge on request addressed either to OECD Publications Service, or to the OECD Distributor in your country.

MAIN SALES OUTLETS OF OECD PUBLICATIONS
PRINCIPAUX POINTS DE VENTE DES PUBLICATIONS DE L'OCDE

ARGENTINA – ARGENTINE
Carlos Hirsch S.R.L.
Galería Güemes, Florida 165, 4° Piso
1333 Buenos Aires Tel. (1) 331.1787 y 331.2391
Telefax: (1) 331.1787

AUSTRALIA – AUSTRALIE
D.A. Information Services
648 Whitehorse Road, P.O.B 163
Mitcham, Victoria 3132 Tel. (03) 873.4411
Telefax: (03) 873.5679

AUSTRIA – AUTRICHE
Gerold & Co.
Graben 31
Wien I Tel. (0222) 533.50.14

BELGIUM – BELGIQUE
Jean De Lannoy
Avenue du Roi 202
B-1060 Bruxelles Tel. (02) 538.51.69/538.08.41
Telefax: (02) 538.08.41

CANADA
Renouf Publishing Company Ltd.
1294 Algoma Road
Ottawa, ON K1B 3W8 Tel. (613) 741.4333
Telefax: (613) 741.5439
Stores:
61 Sparks Street
Ottawa, ON K1P 5R1 Tel. (613) 238.8985
211 Yonge Street
Toronto, ON M5B 1M4 Tel. (416) 363.3171
Telefax: (416)363.59.63

Les Éditions La Liberté Inc.
3020 Chemin Sainte-Foy
Sainte-Foy, PQ G1X 3V6 Tel. (418) 658.3763
Telefax: (418) 658.3763

Federal Publications Inc.
165 University Avenue, Suite 701
Toronto, ON M5H 3B8 Tel. (416) 860.1611
Telefax: (416) 860.1608

Les Publications Fédérales
1185 Université
Montréal, QC H3B 3A7 Tel. (514) 954.1633
Telefax : (514) 954.1635

CHINA – CHINE
China National Publications Import
Export Corporation (CNPIEC)
16 Gongti E. Road, Chaoyang District
P.O. Box 88 or 50
Beijing 100704 PR Tel. (01) 506.6688
Telefax: (01) 506.3101

DENMARK – DANEMARK
Munksgaard Book and Subscription Service
35, Nørre Søgade, P.O. Box 2148
DK-1016 København K Tel. (33) 12.85.70
Telefax: (33) 12.93.87

FINLAND – FINLANDE
Akateeminen Kirjakauppa
Keskuskatu 1, P.O. Box 128
00100 Helsinki
Subscription Services/Agence d'abonnements :
P.O. Box 23
00371 Helsinki Tel. (358 0) 12141
Telefax: (358 0) 121.4450

FRANCE
OECD/OCDE
Mail Orders/Commandes par correspondance:
2, rue André-Pascal
75775 Paris Cedex 16 Tel. (33-1) 45.24.82.00
Telefax: (33-1) 49.10.42.76
Telex: 640048 OCDE

OECD Bookshop/Librairie de l'OCDE :
33, rue Octave-Feuillet
75016 Paris Tel. (33-1) 45.24.81.67
(33-1) 45.24.81.81

Documentation Française
29, quai Voltaire
75007 Paris Tel. 40.15.70.00

Gibert Jeune (Droit-Économie)
6, place Saint-Michel
75006 Paris Tel. 43.25.91.19

Librairie du Commerce International
10, avenue d'Iéna
75016 Paris Tel. 40.73.34.60

Librairie Dunod
Université Paris-Dauphine
Place du Maréchal de Lattre de Tassigny
75016 Paris Tel. (1) 44.05.40.13

Librairie Lavoisier
11, rue Lavoisier
75008 Paris Tel. 42.65.39.95

Librairie L.G.D.J. - Montchrestien
20, rue Soufflot
75005 Paris Tel. 46.33.89.85

Librairie des Sciences Politiques
30, rue Saint-Guillaume
75007 Paris Tel. 45.48.36.02

P.U.F.
49, boulevard Saint-Michel
75005 Paris Tel. 43.25.83.40

Librairie de l'Université
12a, rue Nazareth
13100 Aix-en-Provence Tel. (16) 42.26.18.08

Documentation Française
165, rue Garibaldi
69003 Lyon Tel. (16) 78.63.32.23

Librairie Decitre
29, place Bellecour
69002 Lyon Tel. (16) 72.40.54.54

GERMANY – ALLEMAGNE
OECD Publications and Information Centre
August-Bebel-Allee 6
D-53175 Bonn Tel. (0228) 959.120
Telefax: (0228) 959.12.17

GREECE – GRÈCE
Librairie Kauffmann
Mavrokordatou 9
106 78 Athens Tel. (01) 32.55.321
Telefax: (01) 36.33.967

HONG-KONG
Swindon Book Co. Ltd.
13–15 Lock Road
Kowloon, Hong Kong Tel. 366.80.31
Telefax: 739.49.75

HUNGARY – HONGRIE
Euro Info Service
Margitsziget, Európa Ház
1138 Budapest Tel. (1) 111.62.16
Telefax : (1) 111.60.61

ICELAND – ISLANDE
Mál Mog Menning
Laugavegi 18, Pósthólf 392
121 Reykjavik Tel. 162.35.23

INDIA – INDE
Oxford Book and Stationery Co.
Scindia House
New Delhi 110001 Tel.(11) 331.5896/5308
Telefax: (11) 332.5993

17 Park Street
Calcutta 700016 Tel. 240832

INDONESIA – INDONÉSIE
Pdii-Lipi
P.O. Box 269/JKSMG/88
Jakarta 12790 Tel. 583467
Telex: 62 875

IRELAND – IRLANDE
TDC Publishers – Library Suppliers
12 North Frederick Street
Dublin 1 Tel. (01) 874.48.35
Telefax: (01) 874.84.16

ISRAEL
Praedicta
5 Shatner Street
P.O. Box 34030
Jerusalem 91430 Tel. (2) 52.84.90/1/2
Telefax: (2) 52.84.93

ITALY – ITALIE
Libreria Commissionaria Sansoni
Via Duca di Calabria 1/1
50125 Firenze Tel. (055) 64.54.15
Telefax: (055) 64.12.57

Via Bartolini 29
20155 Milano Tel. (02) 36.50.83

Editrice e Libreria Herder
Piazza Montecitorio 120
00186 Roma Tel. 679.46.28
Telefax: 678.47.51

Libreria Hoepli
Via Hoepli 5
20121 Milano Tel. (02) 86.54.46
Telefax: (02) 805.28.86

Libreria Scientifica
Dott. Lucio de Biasio 'Aeiou'
Via Coronelli, 6
20146 Milano Tel. (02) 48.95.45.52
Telefax: (02) 48.95.45.48

JAPAN – JAPON
OECD Publications and Information Centre
Landic Akasaka Building
2-3-4 Akasaka, Minato-ku
Tokyo 107 Tel. (81.3) 3586.2016
Telefax: (81.3) 3584.7929

KOREA – CORÉE
Kyobo Book Centre Co. Ltd.
P.O. Box 1658, Kwang Hwa Moon
Seoul Tel. 730.78.91
Telefax: 735.00.30

MALAYSIA – MALAISIE
Co-operative Bookshop Ltd.
University of Malaya
P.O. Box 1127, Jalan Pantai Baru
59700 Kuala Lumpur
Malaysia Tel. 756.5000/756.5425
Telefax: 757.3661

MEXICO – MEXIQUE
Revistas y Periodicos Internacionales S.A. de C.V.
Florencia 57 - 1004
Mexico, D.F. 06600 Tel. 207.81.00
Telefax : 208.39.79

NETHERLANDS – PAYS-BAS
SDU Uitgeverij Plantijnstraat
Externe Fondsen
Postbus 20014
2500 EA's-Gravenhage Tel. (070) 37.89.880
Voor bestellingen: Telefax: (070) 34.75.778

NEW ZEALAND
NOUVELLE-ZÉLANDE
Legislation Services
P.O. Box 12418
Thorndon, Wellington Tel. (04) 496.5652
Telefax: (04) 496.5698

NORWAY – NORVÈGE
Narvesen Info Center – NIC
Bertrand Narvesens vei 2
P.O. Box 6125 Etterstad
0602 Oslo 6 Tel. (022) 57.33.00
Telefax: (022) 68.19.01

PAKISTAN
Mirza Book Agency
65 Shahrah Quaid-E-Azam
Lahore 54000 Tel. (42) 353.601
Telefax: (42) 231.730

PHILIPPINE – PHILIPPINES
International Book Center
5th Floor, Filipinas Life Bldg.
Ayala Avenue
Metro Manila Tel. 81.96.76
Telex 23312 RHP PH

PORTUGAL
Livraria Portugal
Rua do Carmo 70-74
Apart. 2681
1200 Lisboa Tel.: (01) 347.49.82/5
Telefax: (01) 347.02.64

SINGAPORE – SINGAPOUR
Gower Asia Pacific Pte Ltd.
Golden Wheel Building
41, Kallang Pudding Road, No. 04-03
Singapore 1334 Tel. 741.5166
Telefax: 742.9356

SPAIN – ESPAGNE
Mundi-Prensa Libros S.A.
Castelló 37, Apartado 1223
Madrid 28001 Tel. (91) 431.33.99
Telefax: (91) 575.39.98

Libreria Internacional AEDOS
Consejo de Ciento 391
08009 – Barcelona Tel. (93) 488.30.09
Telefax: (93) 487.76.59

Llibreria de la Generalitat
Palau Moja
Rambla dels Estudis, 118
08002 – Barcelona
(Subscripcions) Tel. (93) 318.80.12
(Publicacions) Tel. (93) 302.67.23
Telefax: (93) 412.18.54

SRI LANKA
Centre for Policy Research
c/o Colombo Agencies Ltd.
No. 300-304, Galle Road
Colombo 3 Tel. (1) 574240, 573551-2
Telefax: (1) 575394, 510711

SWEDEN – SUÈDE
Fritzes Information Center
Box 16356
Regeringsgatan 12
106 47 Stockholm Tel. (08) 690.90.90
Telefax: (08) 20.50.21

Subscription Agency/Agence d'abonnements :
Wennergren-Williams Info AB
P.O. Box 1305
171 25 Solna Tel. (08) 705.97.50
Téléfax : (08) 27.00.71

SWITZERLAND – SUISSE
Maditec S.A. (Books and Periodicals - Livres et périodiques)
Chemin des Palettes 4
Case postale 266
1020 Renens Tel. (021) 635.08.65
Telefax: (021) 635.07.80

Librairie Payot S.A.
4, place Pépinet
CP 3212
1002 Lausanne Tel. (021) 341.33.48
Telefax: (021) 341.33.45

Librairie Unilivres
6, rue de Candolle
1205 Genève Tel. (022) 320.26.23
Telefax: (022) 329.73.18

Subscription Agency/Agence d'abonnements :
Dynapresse Marketing S.A.
38 avenue Vibert
1227 Carouge Tel.: (022) 308.07.89
Telefax : (022) 308.07.99

See also – Voir aussi :
OECD Publications and Information Centre
August-Bebel-Allee 6
D-53175 Bonn (Germany) Tel. (0228) 959.120
Telefax: (0228) 959.12.17

TAIWAN – FORMOSE
Good Faith Worldwide Int'l. Co. Ltd.
9th Floor, No. 118, Sec. 2
Chung Hsiao E. Road
Taipei Tel. (02) 391.7396/391.7397
Telefax: (02) 394.9176

THAILAND – THAÏLANDE
Suksit Siam Co. Ltd.
113, 115 Fuang Nakhon Rd.
Opp. Wat Rajbopith
Bangkok 10200 Tel. (662) 225.9531/2
Telefax: (662) 222.5188

TURKEY – TURQUIE
Kültür Yayinlari Is-Türk Ltd. Sti.
Atatürk Bulvari No. 191/Kat 13
Kavaklidere/Ankara Tel. 428.11.40 Ext. 2458
Dolmabahce Cad. No. 29
Besiktas/Istanbul Tel. 260.71.88
Telex: 43482B

UNITED KINGDOM – ROYAUME-UNI
HMSO
Gen. enquiries Tel. (071) 873 0011
Postal orders only:
P.O. Box 276, London SW8 5DT
Personal Callers HMSO Bookshop
49 High Holborn, London WC1V 6HB
Telefax: (071) 873 8200
Branches at: Belfast, Birmingham, Bristol, Edinburgh, Manchester

UNITED STATES – ÉTATS-UNIS
OECD Publications and Information Centre
2001 L Street N.W., Suite 700
Washington, D.C. 20036-4910 Tel. (202) 785.6323
Telefax: (202) 785.0350

VENEZUELA
Libreria del Este
Avda F. Miranda 52, Aptdo. 60337
Edificio Galipán
Caracas 106 Tel. 951.1705/951.2307/951.1297
Telegram: Libreste Caracas

Subscription to OECD periodicals may also be placed through main subscription agencies.

Les abonnements aux publications périodiques de l'OCDE peuvent être souscrits auprès des principales agences d'abonnement.

Orders and inquiries from countries where Distributors have not yet been appointed should be sent to: OECD Publications Service, 2 rue André-Pascal, 75775 Paris Cedex 16, France.

Les commandes provenant de pays où l'OCDE n'a pas encore désigné de distributeur devraient être adressées à : OCDE, Service des Publications, 2, rue André-Pascal, 75775 Paris Cedex 16, France.

6-1994

OECD PUBLICATIONS, 2 rue André-Pascal, 75775 PARIS CEDEX 16
PRINTED IN FRANCE
(51 94 03 3) ISBN 92-64-04117-6 - No. 47190 1994